云南建设学校
国家中职示范校建设成果

国家中职示范校建设成果系列实训教材

建筑工程测量项目工作手册

王雁荣　主编

中国建筑工业出版社

图书在版编目（CIP）数据

建筑工程测量项目工作手册/王雁荣主编. —北京：中国建筑工业出版社，2014.11（2023.3重印）

国家中职示范校建设成果系列实训教材

ISBN 978-7-112-17006-7

Ⅰ．①建… Ⅱ．①王… Ⅲ．①建筑测量-中等专业学校-教材 Ⅳ．①TU198

中国版本图书馆 CIP 数据核字（2014）第 135691 号

本书依据教育部 2014 年公布的《中等职业学校专业教学标准（试行）》和最新的标准、规范编写。本书是"十二五"职业教育国家规划教材《建筑工程测量》（中国建筑工业出版社，王雁荣主编）的配套实训用书。

本书可作为土建类专业中、高职学生的建筑工程测量实训用书。

* * *

责任编辑：聂　伟　陈　桦
责任校对：李欣慰　刘梦然

云南建设学校国家中职示范校建设成果
国家中职示范校建设成果系列实训教材

建筑工程测量项目工作手册

王雁荣　主编

*

中国建筑工业出版社出版、发行（北京海淀三里河路 9 号）
各地新华书店、建筑书店经销
北京红光制版公司制版
北京建筑工业印刷厂印刷

*

开本：787×1092 毫米　1/16　印张：5¾　字数：135 千字
2017 年 9 月第一版　2023 年 3 月第六次印刷
定价：**17.00** 元
ISBN 978-7-112-17006-7
（25846）

3

序　言

提升中等职业教育人才培养质量，需要大力推动专业设置与产业需求、课程内容与职业标准、教学过程与生产过程"三对接"，积极推进学历证书和职业资格证书"双证书"制度，做到学以致用。

实现教学过程与生产过程的对接，全面提高学生素质、培养学生创新能力和实践能力，需要构建体现以教师为主导、以学生为主体、以实践为主线的中等职业教育现代教学方法体系。这就要求中等职业教育要从培养目标出发，运用理实一体化、目标教学法、行为导向法等教学方法，培养应用型、技能型人才。

但我国职业教育改革进程刚刚起步，以中等职业教育现代教学方法体系编写的教材较少，特别是体现理实一体化教学特点的实训教材非常缺乏，不能满足中等职业学校课程体系改革的要求。为了推动中等职业学校建筑类专业教学改革，作为国家中等职业教育改革发展示范学校的云南建设学校组织编写了《国家中职示范校建设成果系列实训教材》。

本套教材借鉴了国内外职业教育改革经验，注重学生实践动手能力的培养，涵盖了建筑类专业的主要专业核心课程和专业方向课程。本套教材按照住房和城乡建设部中等职业教育专业指导委员会最新专业教学标准和现行国家规范，以项目教学法为主要教学思路编写，并配有大量工程实例及分析，可作为全国中等职业教育建筑类专业教学改革的借鉴和参考。

由于时间仓促，编者水平和能力有限，本套教材肯定还存在许多不足之处，恳请广大读者批评指正。

《国家中职示范校建设成果系列实训教材》编审委员会

2014 年 5 月

前　言

　　本书是《“十二五”职业教育国家规划教材——建筑工程测量》（中国建筑工业出版社，王雁荣主编）的配套实训用书。

　　《建筑工程测量》采用项目教学法编写。本书是在工作任务实施过程中引导学生完成实训任务并进行考核评价的配套实训手册。本书按照《建筑工程测量》的内容和要求，并结合课程工作任务编写。

　　本书的项目对应《建筑工程测量》的 8 个项目，包括：认识工程测量、高程控制测量、平面控制测量、竖直角及应用、地形图识读与应用、建筑施工测量、变形观测和道路工程测量。工作任务由任务要求及流程、知识准备、工作过程、知识拓展、能力测试、能力拓展和考核评价等内容组成。

　　本书以工作任务为导向，采用任务工作页的形式，指导学生完成建筑工程测量的典型工作项目和任务。

　　本书由云南建设学校王雁荣主编，陈超、段建福、杜高俊等老师参与了编写工作。

　　由于编者水平有限，加之时间仓促，本书在编写过程中难免存在疏漏和不妥之处，恳请读者批评指正。

目　录

项目1 认识工程测量

任务1.1 认识测量工作

任务要求及流程
1. 根据学习支持和知识拓展，了解工程测量的工作内容和方法； 2. 自主完成能力测试。

工作过程

1. 工程测量的任务包括＿＿＿＿＿＿和＿＿＿＿＿＿；主要内容有＿＿＿＿、
＿＿＿＿、＿＿＿＿和＿＿＿＿。

2. 测量工作的实质是＿＿＿＿＿＿＿＿，即确定地面点的＿＿＿＿＿＿和
＿＿＿＿。

3. 请补全下图的数学坐标系和测量坐标系。

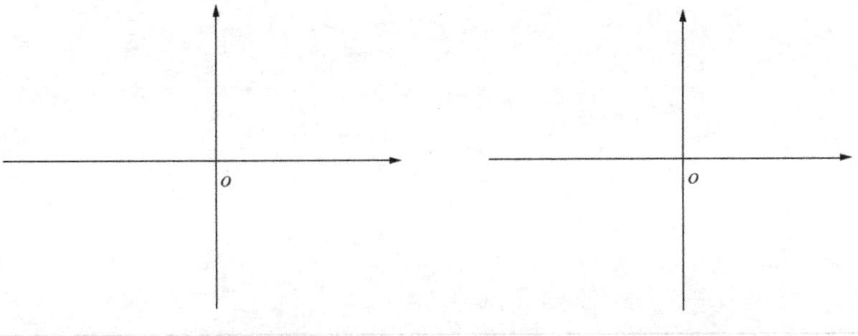

(a) 数学坐标系　　　　　　　*(b)* 测量坐标系

4. 请在下图中用符号标明绝对高程、相对高程和高差。

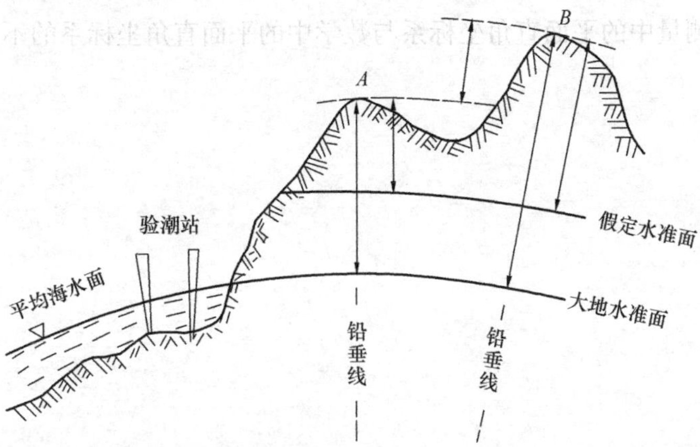

5. 遵循测量工作基本原则的目的是什么？

（1）"从整体到局部、由高级到低级、先控制后碎部"的原则。

（2）"边工作边检核"的原则。

6. 你认为在校园及周边实施测量的安全要求有哪些？

1. 绘图说明测量中的平面直角坐标系与数学中的平面直角坐标系的不同。

2. 已知 $H_A=147.315\mathrm{m}$，$h_{AB}=-2.376\mathrm{m}$，求 H_B。

3. 确定地面点位需要哪几个要素？需要做哪些测量的基本工作？

<table>
<tr><td colspan="5" align="center">考 核 评 价</td></tr>
<tr><td>序号</td><td>评价项目及分数</td><td>学生自评
（30%）</td><td>小组评价
（30%）</td><td>教师评价
（40%）</td></tr>
<tr><td>1</td><td>工作纪律和态度（20分）</td><td></td><td></td><td></td></tr>
<tr><td>2</td><td>工作成果（30分）</td><td></td><td></td><td></td></tr>
<tr><td>3</td><td>实践操作能力（30分）</td><td></td><td></td><td></td></tr>
<tr><td>4</td><td>团队协作能力（20分）</td><td></td><td></td><td></td></tr>
<tr><td colspan="2" align="center">小 计</td><td></td><td></td><td></td></tr>
<tr><td colspan="2" align="center">总 分</td><td></td><td></td><td></td></tr>
</table>

任务 1.2　认识测量仪器工具

任务要求及流程
1. 各组分别借领 1 种测量仪器，结合学习支持和知识拓展，认识常用测量仪器工具； 2. 自主完成能力测试。

工　作　过　程

1. 你们小组借到的测量仪器工具是_____；它的作用是_____
_____。

2. 自主学习测量仪器工具借领和使用规定，你认为你们小组借的仪器工具在使用中应该注意的事项有哪些？

3. 你认为可以用哪些仪器工具测量高程？

4. 你认为可以用哪些仪器工具测量角度？

5. 你认为可以用哪些仪器工具测量距离？

能 力 测 试

1. 精密水准仪一般应配合_____水准尺使用，电子水准仪一般应配合_____水准尺使用。

2. 水准测量中，尺垫的作用是_____；角度测量中，花杆的作用是_____；距离测量中，测钎的作用是_____，垂球的作用是_____；光电测距中，棱镜的作用是_____。

3. 光电测距仪按载波的类型分为_____、_____和_____等。

4. 利用全站仪可以进行_____、_____、_____和_____等测量工作。

考 核 评 价

序号	评价项目及分数	学生自评（30%）	小组评价（30%）	教师评价（40%）
1	工作纪律和态度（20分）			
2	工作成果（30分）			
3	实践操作能力（30分）			
4	团队协作能力（20分）			
	小　计			
	总　分			

任务 1.3 认识测量记录计算

任务要求及流程

1. 根据学习支持和知识拓展，认知工程测量计量单位、记录计算的常用表格和规定，以及测量误差的相关知识；

2. 完成两张测量表格的计算；

3. 自主完成能力测试。

工 作 过 程

钢尺量距记录表

直线编号	方向	整段尺长 （m）	余长 （m）	全长 （m）	往返平均值 （m）	相对误差
AB	往	4×50	24.416			
	返	4×50	24.374			

视距测量手簿

测站：A 测站高程：312.673m 仪器高 i：1.46m

点号	视距 （Kl） （m）	中丝读数 v （m）	竖盘读数 。 ′	竖直角 α 。 ′	水平距离 D （m）	高差 h （m）	高程 H （m）	备注
1	32.6	2.480	87 51					
2	58.7	1.690	96 15					

计算公式：

竖直角 $\alpha = 90° - L$

水平距离 $D = Kl\cos^2\alpha$

高差 $h = D\tan\alpha + i - v$

测点高程 $H = $ 测站高程 $+ h$

1. 测得某段圆弧半径 $R=20m$，圆心角 $\alpha=45°$，试计算弧长。

$$L = \frac{R\alpha}{\rho°} = \underline{\hspace{7cm}}$$

2. 说明测量记录计算在以下方面的要求。

回报读数_____

_____

涂改数据_____

_____

数据凑整_____

_____

3. 简述测量误差的分类，以及减小和消除测量误差的措施。

4. 对某段距离等精度丈量了 5 次，其观测值分别为：116.276m、116.278m、116.272m、116.270m、116.280m，试求其算术平均值及相对误差。

<table>
<tr><th colspan="5">考 核 评 价</th></tr>
<tr><th>序号</th><th>评价项目及分数</th><th>学生自评
（30%）</th><th>小组评价
（30%）</th><th>教师评价
（40%）</th></tr>
<tr><td>1</td><td>工作纪律和态度（20分）</td><td></td><td></td><td></td></tr>
<tr><td>2</td><td>工作成果（30分）</td><td></td><td></td><td></td></tr>
<tr><td>3</td><td>实践操作能力（30分）</td><td></td><td></td><td></td></tr>
<tr><td>4</td><td>团队协作能力（20分）</td><td></td><td></td><td></td></tr>
<tr><td colspan="2" align="center">小　计</td><td></td><td></td><td></td></tr>
<tr><td colspan="2" align="center">总　分</td><td colspan="3"></td></tr>
</table>

项目 2 高 程 控 制 测 量

任务 2.1 高程控制测量准备工作

任务要求及流程
1. 根据学习支持和知识拓展，了解高程控制测量的基本概念和踏勘选点的方法； 2. 根据教师安排，布设水准路线，并做好点之记； 3. 自主完成能力测试。
工 作 过 程
1. 小组布设的是＿＿＿＿＿＿水准路线，由＿＿＿＿＿＿个点组成，其中已知水准点＿＿＿＿＿＿的高程为＿＿＿＿＿＿＿＿＿＿＿＿＿。 2. 绘制水准路线略图。 水准路线略图

3. 选择其中 1 个点在教师指导下做好点之记（组内成员尽量不要重复）。

_____等 水 准 点 之 记

测区：

点名		等级		概略坐标			
所在地				地类		类别	

点位略图	点位说明

标石断面图	选点及埋石情况	
	组　号	
	选点员	
	埋石员	
	记录员	
	记录日期	

什么是水准路线？水准测量路线有哪些类型？

考 核 评 价

序号	评价项目及分数	学生自评 （30%）	小组评价 （30%）	教师评价 （40%）
1	工作纪律和态度（20分）			
2	工作成果（30分）			
3	实践操作能力（30分）			
4	团队协作能力（20分）			
	小　计			
	总　分			

任务 2.2 高 程 观 测

任务要求及流程

1. 分组借领水准仪 1 套，认识水准仪；
2. 观察教师示范，学会水准测量高程观测的方法和步骤；
3. 观测任务 2.1 布设水准路线第 1 点的高程。

工 作 过 程

1. 认识微倾式水准仪，完成下表。

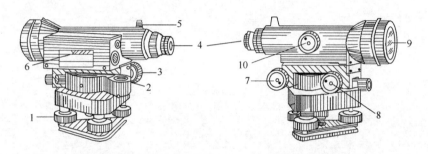

序号	操作部件	作　　　用
1		
2		
3		
4		
5		
6		
7		
8		
9		
10		

2. 说明微倾式水准仪的操作步骤。

3. 完成待定点的观测和记录计算。

点号	后视读数 （m）	前视读数 （m）	高差 （m）	高程 （m）	说明
					水准点
					待测点

4. 与本组其他同学观测结果的较差。

姓名	高程	姓名	高程	姓名	高程	姓名	高程
平均值				你的值与平均值的较差			

能 力 拓 展

用视线高法测定 2 个指定点的高程，并完成记录计算。

测点	后视读数 （m）	视线高 （m）	前视读数 （m）	高程 （m）	备注

考 核 评 价

序号	评价项目及分数	学生自评 （30%）	小组评价 （30%）	教师评价 （40%）
1	工作纪律和态度（20分）			
2	工作成果（30分）			
3	实践操作能力（30分）			
4	团队协作能力（20分）			
小　计				
总　分				

任务 2.3　水准仪的检验与校正

任务要求及流程

1. 根据学习支持和知识拓展，认知水准仪的轴线关系，以及检校内容和方法；
2. 借领水准仪 1 套，完成水准仪的检验与校正；
3. 了解水准测量误差，能通过一定方法减小测量误差；
4. 自主完成能力测试。

工　作　过　程

1. 在下图中标明水准仪的主要轴线，并说明其几何关系。

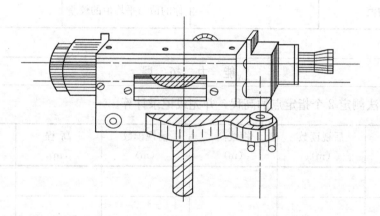

水准仪应满足的轴线关系有：＿＿＿＿＿＿＿＿＿＿＿＿＿＿＿＿＿＿＿＿＿、

＿＿＿＿＿＿＿＿＿＿＿＿＿＿＿＿＿＿＿＿＿＿＿＿＿＿＿＿＿＿＿、

＿＿＿＿＿＿＿＿＿＿＿＿＿＿＿＿＿＿＿＿＿＿＿＿＿＿＿＿＿＿＿。

2. 完成水准仪的检验与校正，并填写下表。

水准仪的检验与校正

仪器编号：＿＿＿＿＿＿　　检验者：＿＿＿＿＿＿＿＿　　日期：＿＿年＿＿月＿＿日

检验项目	检验与校正过程

用虚线圆标示气泡位置

圆水准器的检验				

仪器整平后	仪器旋转180°后	用脚螺旋调整后	用校正针校正后

十字丝横丝的检验	检验初始位置 （用·标示目标在视场中的位置）	检验终了位置 （用·标示目标在视场中的位置， 并用虚线表示目标移动的路径）

---

i 角的检验	仪器安置在 A、B 两点的中间	仪器安置在 A 点的附近

仪器安置在 A、B 两点的中间

第一次观测：$a_1 =$

　　　　　　$b_1 =$

第二次观测：$a_1' =$

　　　　　　$b_1' =$

平均高差：

$$h_1 = \frac{1}{2}(a_1 - b_1 + a_1' - b_1') =$$

仪器安置在 A 点的附近

（1）检验

$a_2 =$ 　　　　$b_2 =$

$h_2 = a_2 - b_2 =$

$b_2' = a_2 - h_1 =$

$i = \dfrac{b_2' - b_2}{D_{AB}} \rho'' =$

（2）校正后

$a_2 =$ 　　　　$b_2 =$

$h_2 = a_2 - b_2 =$

$b_2' = a_2 - h_1 =$

$i = \dfrac{b_2' - b_2}{D_{AB}} \rho'' =$

1. 将仪器绕竖轴旋转＿＿＿＿＿＿后，观察气泡的位置，若圆气泡仍居中，说明仪器的圆水准轴 $L'L'$ // 竖轴 VV。

2. 圆水准器校正方法：用脚螺旋校正偏离长度的＿＿＿＿＿＿，使气泡向中央移动一半，再用圆水准器下面的三个"校正螺栓"校正另一半，使气泡居中，反复检验与校正。

3. 十字丝横丝校正方法：打开目镜端护盖，旋下目镜处十字丝环外罩，松动固定螺栓后，转动＿＿＿＿＿＿＿"校正螺栓"旋转十字丝分划板到正确位置，反复检验与校正。

4. 当 $i >$ ＿＿＿＿＿＿时，需要进行水准管轴平行于视准轴的校正。

5. 对 DS$_3$ 型微倾式水准仪 i 角进行检校，先将水准仪安置在 A 和 B 两立尺点中间，使气泡严格居中，分别读得两尺读数为 $a_1 = 1.365\text{m}$，$b_1 = 1.428\text{m}$；然后将仪器搬到 A 尺附近，使气泡居中，读得 $a_2 = 0.816\text{m}$，$b_2 = 1.908\text{m}$，试计算 i 角误差为多少？是否需要校正？

序号	评价项目及分数	学生自评（30%）	小组评价（30%）	教师评价（40%）
1	工作纪律和态度（20分）			
2	工作成果（30分）			
3	实践操作能力（30分）			
4	团队协作能力（20分）			
	小 计			
	总 分			

任务 2.4　图根级水准测量

任务要求及流程
1. 根据学习支持和知识拓展，初步掌握图根级水准测量的方法和要求；
2. 借领水准仪 1 套，完成闭合水准路线的外业工作（每人独立完成 1 个测段的观测、记录和计算）；
3. 独立完成图根级闭合水准路线的计算；
4. 自主完成能力测试。
工　作　过　程

1. 用变动仪器高法完成图根级水准测量的外业工作。

变动仪器高法水准测量记录手簿

测站	测点	水准尺读数（m）		高差（m）	平均高差（m）	高 程（m）	观测者
		后视	前视				

测站	测点	水准尺读数（m）		高差 （m）	平均高差 （m）	高 程 （m）	观测者
		后视	前视				
计算检核		$\sum a=$ $\sum b=$ $\sum a-\sum b=$	$\sum h=$	$\frac{1}{2}\sum h=$		$H_{终}-H_{始}=$	

2. 完成图根级水准测量的内业平差计算。

水准测量平差计算表

点号	测站数	实测高差 （m）	改正数 （m）	改正后高差 （m）	高 程 （m）	备注
Σ						
辅助 计算	$f_\mathrm{h}=\sum h_{测}=$ $f_{\mathrm{h}容}=$					

19

能 力 测 试

完成图根级闭合水准路线的内业计算。

点号	距离 (km)	实测高差 (m)	改正数 (m)	改正后高差 (m)	高 程 (m)	备注
BM_A					1924.383	
	1.8	4.673				
1						
	2.3	-3.234				
2						
	3.4	5.336				
3						
	2.0	-6.722				
BM_A						
Σ						
辅助 计算	$f_h=$ $f_{h容}=$					

考 核 评 价

序号	评价项目及分数	学生自评 （30%）	小组评价 （30%）	教师评价 （40%）
1	工作纪律和态度（20分）			
2	工作成果（30分）			
3	实践操作能力（30分）			
4	团队协作能力（20分）			
	小 计			
	总 分			

任务 2.5　三、四等水准测量

任务要求及流程

1. 根据学习支持，初步掌握三、四等水准测量的方法和要求；
2. 借领水准仪 1 套，按四等水准测量要求，采用双面尺法完成闭合水准路线的外业工作（每人独立完成 1 个测段的观测、记录和计算）；
3. 独立完成四等闭合水准路线的计算；
4. 自主完成能力测试。

工 作 过 程

1. 用双面尺法完成四等水准测量的外业工作。

四等水准测量记录表

组别：　　　　　　　仪器号码：　　　　　　　　　　　年　月　日

测站编号	点号	后尺　上丝／下丝　后视距　视距差	前尺　上丝／下丝　前视距　∑视距差	方向及尺号	水准尺读数 黑面	水准尺读数 红面	黑＋K－红	平均高差	备注
				后					
				前					
				后－前					
				后					1号标尺常数 K＝
				前					
				后－前					
				后					2号标尺常数 K＝
				前					
				后－前					
				后					
				前					
				后－前					

测站编号	点号	后尺 上丝 / 下丝	前尺 上丝 / 下丝	方向及尺号	水准尺读数 黑面	红面	黑+K-红	平均高差	备注
		后视距	前视距						
		视距差	∑视距差						
				后					
				前					
				后-前					
				后					
				前					
				后-前					
				后					
				前					
				后-前					
				后					
				前					
				后-前					1号标尺常数K=
				后					
				前					
				后-前					2号标尺常数K=
				后					
				前					
				后-前					
				后					
				前					
				后-前					
检核									

2. 完成四等水准测量的内业平差计算。

水准测量平差计算表

点号	测站数	实测高差（m）	改正数（m）	改正后高差（m）	高 程（m）	备注
Σ						
辅助计算	$f_h = \sum h_测 =$ $f_{h容} =$					

完成闭合水准路线四等水准测量的内业计算。

点号	测站数	水准路线长 (km)	观测高差 (m)	改正数 (m)	改正后高差 (m)	高程 (m)	备注
BM_1						1972.210	已知
	24	1.4	−3.244				
1							
	14	0.8	5.380				
2							
	12	0.6	−2.120				
BM_1							
Σ							
辅助计算	$f_h =$ $f_{h容} = \pm 6\sqrt{n}$ (mm)						

序号	评价项目及分数	学生自评 （30％）	小组评价 （30％）	教师评价 （40％）
1	工作纪律和态度（20分）			
2	工作成果（30分）			
3	实践操作能力（30分）			
4	团队协作能力（20分）			
	小　计			
	总　分			

项目 3 平面控制测量

任务 3.1 平面控制测量准备工作

任务要求及流程
1. 根据学习支持，了解平面控制测量的基本概念和踏勘选点的方法； 2. 根据教师安排，布设闭合导线，并绘制简图； 3. 自主完成能力测试。

工 作 过 程
闭合导线简图

能 力 测 试
1. 平面控制网的布设有哪些形式？

2. 平面控制测量等级有哪些？如何区分？

3. 导线测量的外业工作主要有哪些？

序号	评价项目及分数	学生自评（30％）	小组评价（30％）	教师评价（40％）
	考 核 评 价			
1	工作纪律和态度（20分）			
2	工作成果（30分）			
3	实践操作能力（30分）			
4	团队协作能力（20分）			
	小　计			
	总　分			

任务 3.2　水 平 角 观 测

任务要求及流程

1. 分组借领经纬仪 1 套，认识经纬仪；
2. 观察教师示范，学会水平角观测的方法和步骤；
3. 观测任务 3.1 布设闭合导线的第 1 个水平角；
4. 自主完成能力测试。

工 作 过 程

1. 认识光学经纬仪，完成下表。

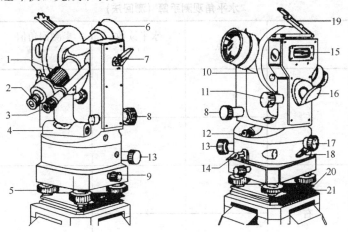

序号	操作部件	作　用
1		
2		
3		
4		
5		
7		
12		
13		
15		
17		

2. 说明经纬仪的安置步骤。

3. 完成水平角的观测、记录及计算。

水平角观测手簿（测回法）

测站	竖盘位置	测点	水平读数 ° ′ ″	半测回角值 ° ′ ″	一测回角值 ° ′ ″
	左				
	右				

4. 计算与本组其他同学观测结果的较差。

姓名	角值	姓名	角值	姓名	角值
平均角值		你的值与平均值的较差			

设置 3 个目标点，用方向观测法观测其水平角值，并完成记录计算。

水平角观测手簿（方向观测法）

测站	测回数	目标	水平度盘读数		2C 值 "	平均读数 ° ' "	归零后 方向值 ° ' "	各测回归零 方向平均值 ° ' "
			盘左读数 ° ' "	盘右读数 ° ' "				
		归零差						
		归零差						

1. 知识点巩固

（1）DJ$_6$级经纬仪主要由_____、_____和_____三部分组成。

（2）经纬仪测角的基本操作分为四步，依次是_____。

A. 对中、整平、瞄准、读数　　　　　　　B. 整平、对中、瞄准、读数

C. 对中、瞄准、整平、读数　　　　　　　D. 读数、对中、整平、瞄准

（3）用 DJ$_6$ 经纬仪观测，下列读数中有可能正确的是_____。

A. $362°17'30''$　　　B. $412°17'22''$　　　C. $-0°0'3''$　　　D. $182°13'36''$

（4）盘右位置测量水平角时，应该_____方向转动照准部。

A. 顺时针　　　　　　　　　　　　　　　　B. 逆时针

C. 顺时针或逆时针　　　　　　　　　　　　D. 上、下

（5）用测回法对某一角度观测 6 测回，第 4 测回的水平度盘起始位置的预定值应为_____。

A. 30°　　　　　　　B. 60°　　　　　　　C. 90°　　　　　　　D. 120°

（6）DJ$_6$经纬仪采用测回法测角时，盘左、盘右观测值之差不得超过_____。

A. $±10''$　　　　　B. $±20''$　　　　　C. $±40''$　　　　　D. $±1''$

(7) 经纬仪对中的目的是什么？整平的目的是什么？

2. 内业计算训练。

水平角观测手簿（测回法）

测站	目标	竖盘位置	水平度盘读数 ° ′ ″	半测回角值 ° ′ ″	一测回角值 ° ′ ″	各测回角值 ° ′
第一测回 O	A	左	0 02 06			
	B		68 39 10			
	A	右	180 02 24			
	B		248 39 29			
第二测回 O	A	左	90 01 36			
	B		158 38 42			
	A	右	270 01 48			
	B		338 38 50			

考 核 评 价

序号	评价项目及分数	学生自评 （30%）	小组评价 （30%）	教师评价 （40%）
1	工作纪律和态度（20分）			
2	工作成果（30分）			
3	实践操作能力（30分）			
4	团队协作能力（20分）			
	小　计			
	总　分			

任务 3.3 距 离 测 量

任务要求及流程

1. 钢尺量距
1) 采用钢尺一般量距法往返丈量任务 3.1 布设闭合导线的第 1 条导线边的水平距离;
2) 计算平均距离和丈量精度。
2. 光电测距
1) 认识全站仪,并熟悉全站仪的基本操作;
2) 用全站仪测距功能分别往返观测已用钢尺量距观测导线边的水平距离;
3) 计算平均距离和丈量精度,并与钢尺量距结果进行比较。
3. 自主完成能力测试。

知 识 准 备

1. 直线定线的方法有_____和_____。
2. 距离测量相对误差的计算公式是_____
_____。

工 作 过 程

1. 钢尺一般量距法

一般量距记录手簿

边名	方向	整段尺长 (m)	余长 (m)	全长 (m)	平均距离 (m)	相对误差
	往					
	返					

辅助计算:$D_{平均}=$
$\qquad K=$

2. 全站仪光电测距法

光电量距记录手簿

仪器精度:_____ 气温:_____ 气压:_____ 棱镜常数:_____

边名	方向	水平距离(m)	平均距离(m)	精度
	往			
	返			

某钢尺的名义长度为 30m，在标准温度、拉力，高差为零的情况下，检定其长度为 29.995m，用该钢尺在 25℃条件下丈量坡度均匀，长度为 250.632m 的距离。丈量时的拉力与钢尺检定时的拉力相同，同时测得该段距离的两端点高差为－1.2m，试调整该水平距离。

1. 全站仪能除了能进行距离测量、角度测量外，还能进行_____、_____、_____、_____等测量工作。

2. 一台测距精度为 3＋2ppm 的全站仪进行距离测量，如果两点间距 2 千米则仪器可能产生的误差为_____mm。

序号	评价项目及分数	学生自评（30％）	小组评价（30％）	教师评价（40％）
1	工作纪律和态度（20分）			
2	工作成果（30分）			
3	实践操作能力（30分）			
4	团队协作能力（20分）			
	小　计			
	总　分			

任务 3.4 直 线 定 向

1. 换算方位角和象限角；
2. 用罗盘仪测定起始边的磁方位角 α_{12}；
3. 自主完成能力测试。

知 识 准 备

1. 什么是直线定向？

2. 什么是坐标方位角？

工 作 过 程

1. 完成下列方位角和象限角的换算。

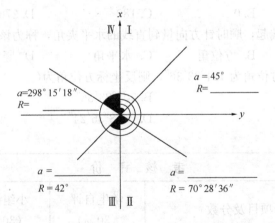

2. 已知 $\alpha_{AB}=161°28'16''$，推算下图 DE 边的坐标方位角。

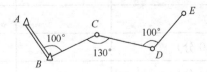

3. 往返观测测定导线起始边的磁方位角。

罗盘仪磁方位角观测手簿

测站	测点	磁方位角 。′″	平均磁方位角 。′″

能 力 测 试

1. 正反坐标方位角相差（　　）°。

A. 90　　　　　　B. 0　　　　　　C. 180　　　　　　D. 270

2. 从标准方向北端起，顺时针方向量到直线的水平夹角，称为该直线的（　　）。

A. 象限角　　　　B. 方位角　　　　C. 水平角　　　　D. 竖直角

3. 某直线的坐标方位角为 121°23′36″，则反坐标方位角为（　　）。

A. 238°36′24′　　　　　　　　B. 301°23′36″

C. 58°36′24″　　　　　　　　D. −58°36′24″

考 核 评 价

序号	评价项目及分数	学生自评 （30%）	小组评价 （30%）	教师评价 （40%）
1	工作纪律和态度（20分）			
2	工作成果（30分）			
3	实践操作能力（30分）			
4	团队协作能力（20分）			
	小　计			
	总　分			

任务 3.5　图根级导线测量

任务要求及流程

1. 根据学习支持，初步掌握图根级导线测量的方法和要求；
2. 根据前面任务，完成图根级导线外业观测；
3. 按图根级导线精度要求完成导线测量内业计算。

工　作　过　程

1. 用全站仪完成图根级导线的外业测角、量边工作。

边角测量记录计算表

测站	盘位	目标	读数 ° ′ ″	半测回角值 ° ′ ″	一测回值 ° ′ ″	边长观测值	边平均值
							12＝
							23＝
							34＝
							45＝
							51＝
		Σ					

2. 完成图根级导线的内业平差计算。

导线坐标计算表

点号	实测角 ∘′″	改正数 ″	改正角 ∘′″	坐标方位角 ∘′″	边长 (m)	坐标增量计算值 (m)		改正后增量值 (m)		坐标值 (m)		点号
						ΔX	ΔY	$\Delta X_{改}$	$\Delta Y_{改}$	X	Y	
Σ												
辅助计算												

完成下表图根级附合导线的内业计算。

导线坐标计算表

点号	实测角（左角）。′″	改正数″	改正角。′″	坐标方位角。′″	边长（m）	坐标增量计算值（m）		改正后增量值（m）		坐标值（m）		点号
						ΔX	ΔY	$\Delta X_{改}$	$\Delta Y_{改}$	X	Y	
A										3509.581	2675.887	A
				127 20 30								
B	231 02 30											B
					40.512							
1	64 52 00											1
					79.038							
2	182 29 00											2
					59.123							
C	138 42 30											C
				24 26 45								
D										3529.000	2801.539	D
Σ												
辅助计算												

1. 导线的布置形式有_____。
  A. 一级导线、二级导线、图根导线   B. 单向导线、往返导线、多边形导线
  C. 闭合导线、附合导线、支导线   D. 经纬仪导线、电磁波导线、视距导线
2. 导线测量的外业工作是_____。
  A. 选点、测角、量边   B. 埋石、造标、绘草图
  C. 距离丈量、水准测量、角度测量   D. 测水平角、测竖直角、测斜距
3. 导线的坐标增量闭合差调整后，应使纵、横坐标增量改正数之和等于_____。
  A. 纵、横坐标增值量闭合差，其符号相同
  B. 导线全长闭合差，其符号相同
  C. 纵、横坐标增量闭合差，其符号相反
  D. 导线全长闭合差，其符号相反
4. 导线的角度闭合差的调整方法是将闭合差反符号后_____。
  A. 按角度大小成正比例分配   B. 按角度个数平均分配
  C. 按边长成正比例分配   D. 按边长成反比例分配

考 核 评 价

序号	评价项目及分数	学生自评 （30%）	小组评价 （30%）	教师评价 （40%）
1	工作纪律和态度（20分）			
2	工作成果（30分）			
3	实践操作能力（30分）			
4	团队协作能力（20分）			
	小 计			
	总 分			

任务 3.6 坐 标 测 量

任务要求及流程

1. 根据任务 3.4 的知识拓展，初步掌握全站仪坐标测量的方法和要求；
2. 在导线起始边设站，用全站仪坐标测量模式校核各导线点坐标。

知 识 准 备

1. 进行全站仪坐标测量前需要设置哪些参数？

2. 如果只测定平面坐标，是否需要设置仪器高和棱镜高？为什么？

工 作 过 程

1. 参数设置

全站仪型号：_____ 测角精度：_____ 测距精度：_____

气温：_____ 气压：_____ 棱镜常数：_____

2. 测站设置

点号：_____ 坐标：(_____，_____) 仪器高：_____

3. 后视设置

点号：_____ 坐标：(_____，_____) 棱镜高：_____

4. 坐标校核

点号	导线测量坐标		全站仪坐标测量坐标		偏差 (mm)
	X (m)	Y (m)	X' (m)	Y' (m)	

说明: 偏差 $=\sqrt{(X-X')^2+(Y-Y')^2}$

5. 误差分析:

最大偏差为_____mm, 其原因主要是什么?

考 核 评 价

序号	评价项目及分数	学生自评 (30%)	小组评价 (30%)	教师评价 (40%)
1	工作纪律和态度 (20分)			
2	工作成果 (30分)			
3	实践操作能力 (30分)			
4	团队协作能力 (20分)			
	小 计			
	总 分			

项目4 竖直角及应用

任务4.1 竖直角测量

任务要求及流程
1. 根据学习支持，掌握竖直角测量的方法和要求； 2. 借领经纬仪，确定竖直角计算公式； 3. 测定测站点至指定建（构）筑物顶、底竖直角； 4. 测定测站点至指定建（构）筑物水平距离； 5. 计算构筑物高度。
知 识 准 备
你们小组借领的经纬仪的竖直角计算公式是什么？

工 作 过 程

竖直角观测简图

	构筑物高度的计算公式：

竖直角观测手簿（测回法）

测站	测点	竖盘位置	竖盘读数 ° ′ ″	半测回角值 ° ′ ″	一测回角值 ° ′ ″	水平距离 （m）	高度 （m）
		左					
		右					
		左					
		右					

能 力 测 试

试完成下表竖直角观测记录。

测站	目标	竖盘位置	竖盘读数 ° ′ ″	半测回竖直角 ° ′ ″	指标差 ″	一测回竖直角 ° ′ ″
O	A	左	72 18 18			
		右	287 42 00			
O	B	左	96 32 48			
		右	263 27 30			

考 核 评 价

序号	评价项目及分数	学生自评 （30%）	小组评价 （30%）	教师评价 （40%）
1	工作纪律和态度（20分）			
2	工作成果（30分）			
3	实践操作能力（30分）			
4	团队协作能力（20分）			
	小 计			
	总 分			

任务 4.2 三角高程测量

任务要求及流程

1. 使用项目2高程控制测量的4个控制点构成闭合水准路线；
2. 用全站仪三角高程观测法对向往返观测测定各点间高差；
3. 完成记录计算，并填写记录手簿；
4. 按五等三角高程测量技术指标检验测量精度，并完成内业平差计算。

知 识 准 备

已知 A 点高程为 25.000m，用三角高程测量方法往返观测数据，计算 B 点的高程。

测站	目标	直线距离 S （m）	竖直角 α	仪器高 i （m）	标杆高 v （m）
A	B	213.634	3°32′12″	1.50	2.10
B	A	213.643	2°48′42″	1.52	3.32

工 作 过 程

1. 小组成员分别观测各点间高差，并完成观测记录及计算。

对向观测三角高程记录计算表

测段	往返	斜距	竖盘读数	竖直角	仪器高	目标高	高差	高差平均值	备注
	往								
	返								

测段	往返	斜距	竖盘读数	竖直角	仪器高	目标高	高差	高差平均值	备注
	往								
	返								
	往								
	返								
	往								
	返								
	往								
	返								
	往								
	返								
	往								
	返								
	Σ								

2. 完成三角高程精度检验及平差计算。

点号	路线长（km）	实测高差（m）	改正数（mm）	改正高差（m）	高程（m）
Σ					
辅助计算	$f_h=$				
	$f_{h容}=$				

考 核 评 价

序号	评价项目及分数	学生自评（30%）	小组评价（30%）	教师评价（40%）
1	工作纪律和态度（20分）			
2	工作成果（30分）			
3	实践操作能力（30分）			
4	团队协作能力（20分）			
小　计				
总　分				

任务4.3 视距测量

任务要求及流程

1. 根据学习支持和知识拓展，掌握视距测量的方法和要求；
2. 通过学习支持，学会视距测量的记录计算；
3. 测定5个待定点的距离和高程，并根据教师事先测定的标准值进行检核。

知 识 准 备

1. 视距测量时距离精确到_____，角度精确到_____，为什么？

2. 视距测量的计算公式是什么？

3. 根据下表中的视距测量记录数据，计算出各碎部点的水平距离及高程。

测站 A　后视点 B　仪器高 $i=1.55$m　测站高程 $H_A=108.54$m

点号	视距 (m)	中丝读数 (m)	竖盘读数 ° ′	竖直角 ° ′	水平距离 (m)	高差 (m)	高程 (m)	备注
1	38.8	1.55	85 42					
2	64.2	1.48	78 54					竖直度盘为顺时针注记
3	55.5	1.65	97 36					

工 作 过 程

视距测量手簿

测站　　后视点　　仪器高 $i=$　　m　测站高程 $H_A=$　　　m

点号	视距 (m)	中丝读数 (m)	竖盘读数 。′	竖直角 。′	水平距离 (m)	高差 (m)	高程 (m)	校核

考 核 评 价

序号	评价项目及分数	学生自评 (30%)	小组评价 (30%)	教师评价 (40%)
1	工作纪律和态度（20分）			
2	工作成果（30分）			
3	实践操作能力（30分）			
4	团队协作能力（20分）			
	小　计			
	总　分			

任务4.4 经纬仪的检验与校正

任务要求及流程

1. 理解经纬仪的主要轴线之间应满足的几何条件；
2. 检验光学经纬仪的主要轴线关系；
3. 了解光学经纬仪的校正的基本方法。

知 识 准 备

经纬各轴线应满足的几何关系有：

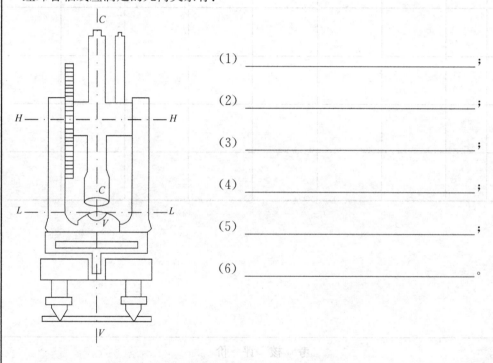

  (1) _____ ;

  (2) _____ ;

  (3) _____ ;

  (4) _____ ;

  (5) _____ ;

  (6) _____ 。

工 作 过 程

经纬仪的检验与校正记录表

日期_____ 班级_____ 组别_____
仪器编号_____ 观测_____ 记录_____

1. 一般检查

检查项目	检查结果	检查项目	检查结果
三脚架是否牢固		望远镜制动螺旋是否有效	
脚螺旋是否有效		望远镜微动螺旋是否有效	

检查项目	检查结果	检查项目	检查结果
照准部制动螺旋是否有效		复测扳手或水平度盘变换手轮是否有效	
照准部微动螺旋是否有效		粗瞄准器方向是否正确	

2. 照准部水准管轴垂直于竖轴的检验

检验次第	1	2	3	平均	校正意见
气泡偏离格数					

3. 十字丝的竖丝垂直于横轴的检验

检验次第	1	2	3	平均	校正意见
目标偏离纵丝最大距离（mm）					

4. 视准轴垂直于横轴的检验（1/4 法）

检验次第	1	2	3	平均	$2c$	校正意见
MN 的长（mm）						
OB 的距离（m）						
检验略图						

5. 横轴垂直于竖轴的检验

检验次第	1	2	3	平均	i	检验略图
m_1m_2 的长（mm）						
pm 的距离（m）						
校正意见						

6. 光学对中器的检验

检验次第	1	2	3	平均	校正意见
旋转 180°后的偏距 （mm）					
改变仪器高后旋转 180°后的偏距 （mm）					

7. 竖盘指标差的检验

照准点号	盘左读数 L ° ′ ″	盘右读数 R ° ′ ″	$x = \frac{1}{2}(L + R - 360°)$	$R' = R - x$

考 核 评 价

序号	评价项目及分数	学生自评 （30%）	小组评价 （30%）	教师评价 （40%）
1	工作纪律和态度（20分）			
2	工作成果（30分）			
3	实践操作能力（30分）			
4	团队协作能力（20分）			
	小　计			
	总　分			

项目5 地形图识读与应用

任务5.1 地形图测绘

任务要求及流程
1. 根据学习支持和知识拓展，初步掌握地形测绘的常用方法； 2. 根据给定控制点，采用全站仪测图法测绘10亩左右指定区域的地形图； 3. 采用成图软件成图或手工成图。

知 识 准 备

地形图常用符号

序号	名称	图例	序号	名称	图例
1	导线点	□ $\dfrac{A1-12.图根}{594.76}$	10	埋石图根点	◈ $\dfrac{A2-1.图根}{592.23}$
2	房屋	混凝土2	11	台阶	
3	围墙		12	栅栏、栏杆	
4	打谷场（球场）	球	13	路灯	
5	宣传橱窗		14	一般公路	
6	小路		15	地面上的输电线	◦→→←←
7	地面上的配电线	◦→→←	16	地面上的通信线	◦—•—•—◦
8	阔叶独立树		17	针叶独立树	
9	花圃		18	人工草地	

测区草图

地形图成果粘贴处

考 核 评 价			
序号	评价项目及分数	学生自评 （30%）	小组评价 （30%）	教师评价 （40%）
1	工作纪律和态度（20分）			
2	工作成果（30分）			
3	实践操作能力（30分）			
4	团队协作能力（20分）			
小　计				
总　分				

任务 5.2 地 形 图 应 用

任务要求及流程

1. 根据学习支持和知识拓展，了解地形图基本知识；
2. 完成识图任务。

知 识 准 备

1. 1∶5000 地形图的比例尺的精度是_____。

    A. 0.5m   B. 500cm   C. 5mm   D. 0.1m

2. 若地形点在图上的最大距离不能超过 3cm，对于 1/500 的地形图，相应地形点在实地的最大距离应为_____。

    A. 15m   B. 20m   C. 30m   D. 40m

3. 等高距是指相邻等高线之间的_____。

    A. 水平距离   B. 高差   C. 斜距   D. 垂直距离

4. 在比例尺为 1∶1000、等高距为 1m 的地形图上，要求从 A 到 B 以 5‰ 的坡度选定一条最短的路线，则相邻两条等高线之间的最小平距应为_____。

    A. 25mm   B. 20mm   C. 10mm   D. 5mm

5. 1∶2000 比例尺地形图图上 4cm 相应的实地长度为_____m。

6. 地图比例尺常用的两种表示方法_____和图示比例尺。

7. 等高线可分为_____、_____、_____和_____。

8. 在同一幅地形图内，等高线密集处表示_____，稀疏处表示_____，等高线平距相等表示_____。

工 作 过 程

识读地形图，完成以下问题。

1. A 点的坐标是 (_____ , _____)。（结果保留至 m）

2. 直线 AB 的方位角是_____。

3. C 点的高程是_____，直线 AC 的水平距离是_____，坡度是_____。（高程结果保留至 dm，距离结果保留至 m）

4. 从 A 点到 B 点定出一条地面坡度 $i=5‰$ 的路线。

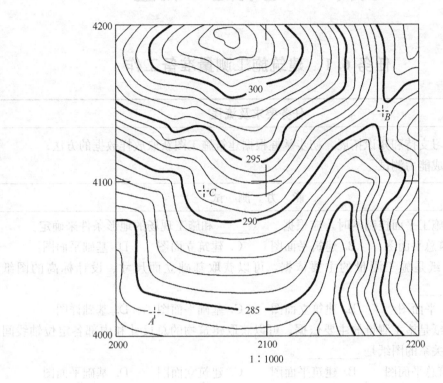

1 : 1000

		考 核 评 价		
序号	评价项目及分数	学生自评（30%）	小组评价（30%）	教师评价（40%）
1	工作纪律和态度（20分）			
2	工作成果（30分）			
3	实践操作能力（30分）			
4	团队协作能力（20分）			
	小　计			
	总　分			

项目6 建筑施工测量

任务 6.1 建筑施工测量准备工作

任务要求及流程
1. 根据学习支持和知识拓展，初步掌握根据建筑施工图获取放样数据的方法； 2. 自主完成能力测试。

能 力 测 试
1. 在布设施工平面控制网时，应根据_____和施工现场的地形条件来确定。 　　A. 建筑总平面图　　B. 建筑平面图　　C. 建筑立面图　　D. 基础平面图 2. 设计图纸是施工测量的主要依据，可以获取基础立面尺寸、设计标高的图纸是_____。 　　A. 建筑平面图　　　B. 建筑立面图　　C. 基础平面图　　D. 基础详图 3. 设计图纸是施工测量的主要依据，可以获取建筑物的总尺寸和内部各定位轴线间的尺寸关系的图纸是_____。 　　A. 建筑总平面图　　B. 建筑平面图　　C. 建筑立面图　　D. 基础平面图 4. 设计图纸是施工测量的主要依据，建筑物定位是根据_____所给的尺寸关系进行的。 　　A. 建筑总平面图　　B. 建筑平面图　　C. 基础平面图　　D. 建筑立面图

考 核 评 价		学生自评 （30%）	小组评价 （30%）	教师评价 （40%）
序号	评价项目及分数			
1	工作纪律和态度（20分）			
2	工作成果（30分）			
3	实践操作能力（30分）			
4	团队协作能力（20分）			
小　计				
总　分				

任务 6.2 场地平整及土方量估算

任务要求及流程
1. 根据学习支持和知识拓展，初步掌握场地平整和土方量估算的方法； 2. 按 0% 的地面坡度、填挖平衡，用方格网法完成场地平整和土方量估算任务。
工 作 过 程

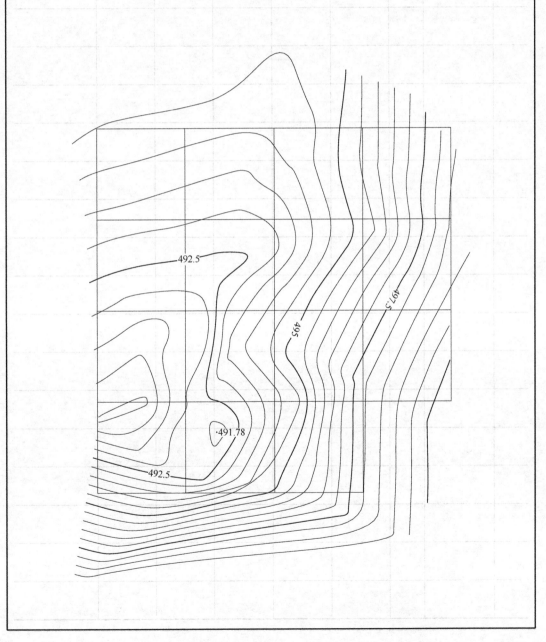

场地平整及土方量计算表

点号	地面标高 （m）	权重	加权标高 （m）	挖深 （m）	填高 （m）	所占面积 （m²）	挖方量 （m³）	填方量 （m³）

点号	地面标高 （m）	权重	加权标高 （m）	挖深 （m）	填高 （m）	所占面积 （m²）	挖方量 （m³）	填方量 （m³）
Σ								

$$H_0 = \underline{\hspace{8cm}} \text{m}$$

考 核 评 价

序号	评价项目及分数	学生自评 （30%）	小组评价 （30%）	教师评价 （40%）
1	工作纪律和态度（20分）			
2	工作成果（30分）			
3	实践操作能力（30分）			
4	团队协作能力（20分）			
小　计				
总　分				

任务6.3 测设的基本工作

任务要求及流程

1. 根据学习支持和知识拓展，掌握测设的基本工作内容；

2. 根据已知点 A 和后视点 B，采用一般方法测设点 P，使 AP 与 AB 的水平夹角为 $90°$，AP 长为20m，并进行校核；

3. 根据水准点 A（$H_A = 100.000$m），在指定位置测设高程为100.500m的标高控制线。

知 识 准 备

1. 如下图所示，采用精密方法测设 B 点，测出 $\angle AOB'$，采用经纬仪精确测得 $\angle AOB' = 89°59'08''$，已知 OB' 长60m，请问在垂直于 OB' 方向上，应改正多少才能得到 $90°$？

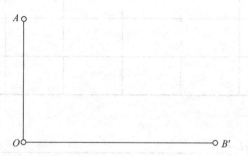

2. 按下图所示，已知：$H_A = 167.600$m，$a = 1.102$m，计算测设 B 桩 ± 0.000 线（设计高程为197.800m）的 b 读数应为多少？

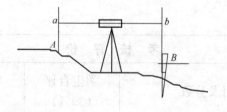

工 作 过 程

1. 测设点 P，并进行校核。

校核项目	放样值	实测值	偏差
水平角	90°00'00″		″
水平距离	20.000m		m

2. 测设标高控制线，并进行校核。

校核项目	放样值	实测值	偏差
高程（m）			

能 力 拓 展

如下图所示，水准点 A 的高程为 1981.200m，B 点的设计高程 $H_B = 1994.800$m，按两个测站大高差放样，中间悬挂一把钢尺，$a_1 = 1.538$m，$b_1 = 0.384$m，$a_2 = 13.481$m。计算 $b_2 = ?$

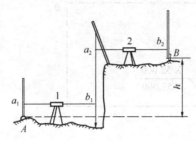

考 核 评 价

序号	评价项目及分数	学生自评 （30%）	小组评价 （30%）	教师评价 （40%）
1	工作纪律和态度（20分）			
2	工作成果（30分）			
3	实践操作能力（30分）			
4	团队协作能力（20分）			
	小 计			
	总 分			

任务 6.4 测 设 平 面 点 位

任务要求及流程

如下图所示，采用直角坐标法放样 1 点，极坐标法放样 2 点；角度交会法放样 3 点，距离交会法放样 4 点。

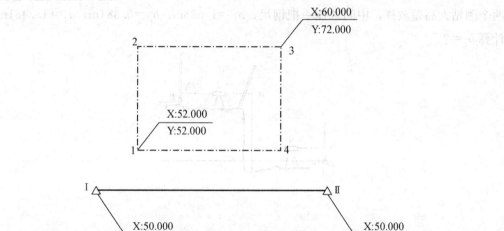

知 识 准 备

1. 坐标反算的计算公式有哪些？

2. 测设平面点位的方法有哪些？各适用于什么情况？

工 作 过 程

1. 直角坐标法放样数据计算

$\Delta x_1 =$ _____ , $\Delta y_1 =$ _____ 。

2. 极坐标法放样数据计算

3. 角度交会法放样数据计算

4. 距离交会法放样数据计算

考 核 评 价				
序号	评价项目及分数	学生自评 （30%）	小组评价 （30%）	教师评价 （40%）
1	工作纪律和态度 （20分）			
2	工作成果 （30分）			
3	实践操作能力 （30分）			
4	团队协作能力 （20分）			
	小 计			
	总 分			

任务 6.5　建筑物的定位放线

任务要求及流程

1. 如下图所示，采用全站仪坐标放样法测设定位角桩；
2. 使用钢尺放样细部轴线交点；
3. 检核放样结果。

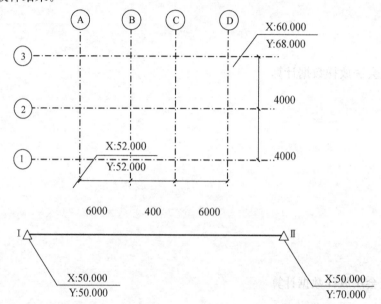

知 识 准 备

放样精度要求

　　测设的用地桩点应进行坐标校核，具备条件时应进行图形校核。校核限差应符合下表规定；拨地边长小于 30m 时，拨重要条件角检查点位不应大于 10mm；对于实测边长与条件边长较差，边长小于 50m 的应在 ±20mm 之内；三点验直的偏差，可按下表中检测角与条件角较差的限差执行。（摘自《工程测量规范》GB 50026—2007）

校 核 限 差

检测角与条件角较差 （″）	实测边长与条件边长较差的 相对误差	校核坐标与条件坐标计算的 点位较差（mm）
60	1/2500	50

工 作 过 程

1. 放样坐标一览表

类别	点号	X（m）	Y（m）
测站点			
后视点			
放样点			

2. 放样精度检验

检测项目	限差	较差	结论
轴线夹角			
轴线长			
点位			

3. 模拟填写工程定位记录表。

工程定位测量记录

工程名称		委托单位	
图纸编号		施测日期	
平面坐标依据		复测日期	
高程依据		仪器型号及编号	
允许误差		仪器校验日期	

定位抄测示意图：

复测结果：

签字栏	建设（监理）单位	施工（测量）单位		测量人员岗位证书号	
		专业技术负责人	测量负责人	复测人	施测人

注：本表由建设单位、监理单位、施工单位、城建档案馆各保存一份。

考 核 评 价

序号	评价项目及分数	学生自评（30％）	小组评价（30％）	教师评价（40％）
1	工作纪律和态度（20分）			
2	工作成果（30分）			
3	实践操作能力（30分）			
4	团队协作能力（20分）			
	小　计			
	总　分			

项目7 变 形 观 测

任务7.1 沉 降 观 测

任务要求及流程

1. 根据学习支持，初步掌握沉降观测的方法和要求；
2. 根据给定水准基点和沉降观测点，完成学校某建筑的沉降观测任务；
3. 根据教师给出的前期沉降观测数据绘制沉降关系曲线图。

知 识 准 备

某管桩基础的高层建筑，设计地下1层，地上25层，下表列出了第3号沉降观测点的沉降观测数据，请绘制时间、沉降关系曲线。

日期	09/11/09	09/12/24	10/01/31	10/04/06	10/05/24	10/07/03	10/07/25	10/12/15	09/12/27
天数	0	45	83	148	196	236	258	401	413
施工层	3	7	11	15	19	22	25	27	28
高程 (m)	12.434	12.432	12.428	12.425	12.421	12.419	12.416	12.413	12.411
沉降量 (mm)	0	−2	−6	−9	−13	−15	−18	−21	−23

时间、沉降关系曲线图

工 作 过 程

1. 按三等水准测量精度要求，完成学校某建筑指定沉降观测点的沉降观测任务。

三等水准测量记录表

组别：　　　　　仪器号码：　　　　　　　　　　　　　　年　　月　　日

测站编号	点号	后尺 上丝 下丝	前尺 上丝 下丝	方向及尺号	水准尺读数		黑＋K－红	平均高差	备注
		后视距	前视距		黑面	红面			
		视距差	Σ视距差						
				后					
				前					
				后－前					
				后					
				前					
				后－前					
				后					
				前					
				后－前				1号标尺的常数K＝
				后					
				前				2号标尺的常数K＝
				后－前					
				后					
				前					
				后－前					
				后					
				前					
				后－前					

测站编号	点号	后尺	上丝	前尺	上丝	方向及尺号	水准尺读数		黑+K—红	平均高差	备注
			下丝		下丝		黑面	红面			
		后视距		前视距							
		视距差		Σ视距差							
						后					
						前					
						后—前					
						后					
						前					
						后—前					
						后					
						前					
						后—前					1号标尺的常数 $K=$
						后					
						前					
						后—前					2号标尺的常数 $K=$
						后					
						前					
						后—前					
						后					
						前					
						后—前					
						后					
						前					
						后—前					
检核											

2. 完成三等水准测量的内业平差计算。

水准测量平差计算表

点号	测站数	实测高差 （m）	改正数 （m）	改正后高差 （m）	高程 （m）	备注
Σ						
辅助 计算	$f_h = \Sigma h_测 =$ $f_{h容} =$					

3. 根据观测成果填写沉降观测成果汇总表。

沉降观测成果汇总表

工程名称：　　　　　　工程编号：　　　　　　测量仪器：

点号	首次成果 ___年___月___日	...	第　次成果 ___年___月___日		
	初始值	...	高程	沉降量	累计 沉降量
1		...			
2		...			
3		...			
4		...			
5		...			
6		...			
7		...			
...		...			
工程施工进展情况		...			
静荷载 P		...			
平均沉降 $S_{平}$		...			
平均沉降速度 $V_{平}$		...			

4. 根据观测成果和教师提供的本建筑前期沉降观测数据，绘制时间、荷载、沉降关系曲线。

时间、荷载、沉降关系曲线图粘贴处

考 核 评 价

序号	评价项目及分数	学生自评 （30%）	小组评价 （30%）	教师评价 （40%）
1	工作纪律和态度（20分）			
2	工作成果（30分）			
3	实践操作能力（30分）			
4	团队协作能力（20分）			
	小　计			
	总　分			

任务 7.2　倾　斜　观　测

1. 根据学习支持和知识拓展，初步掌握倾斜观测的方法和要求；
2. 完成学校某建筑的给定观测点的倾斜观测任务。

知　识　准　备

地基的不均匀沉降导致建筑物发生倾斜，某建筑物的高度为 35.8m，顶部沉降观测点 A、B 的观测偏移量 $\Delta_A = 0.038m$、$\Delta_B = 0.162m$，求建筑物的总偏移量和倾斜度。

工　作　过　程

1. 绘制倾斜观测点位布置图。

倾斜观测点位布置图

2. 完成学校某建筑的给定观测点的倾斜观测任务。

倾斜观测记录表

工程名称						观测时间	
检测仪器型号及精度						建筑高度（m）	
倾斜方向 测点	东（mm）	南（mm）	西（mm）	北（mm）	倾斜值（mm）	倾斜率（‰）	允许偏差（mm）

考 核 评 价				
序号	评价项目及分数	学生自评（30%）	小组评价（30%）	教师评价（40%）
1	工作纪律和态度（20分）			
2	工作成果（30分）			
3	实践操作能力（30分）			
4	团队协作能力（20分）			
	小　计			
	总　分			

项目 8 道 路 工 程 测 量

任务 8.1 中 线 测 量

任务要求及流程

1. 根据学习支持和知识拓展，了解道路中线测量的基本内容和方法；
2. 根据给定控制点和交点坐标，采用全站仪坐标放样法测设道路中线交点；
3. 测定并校核道路转折角；
4. 任选 2 条中线，采用 2 种不同的方法桩设置护桩。

知 识 准 备

根据中线转角外业观测数据完成下表计算。

中线转角观测手簿

测站	竖盘位置	测点	水平度盘读数 ° ′ ″	半测回角值 ° ′ ″	一测回角值 ° ′ ″	转角值 ° ′ ″	设计转角值 ° ′ ″	实测值与设计值较差
JD_4	左	JD_3	0 01 30				20 59 53	
		JD_5	159 01 22					
	右	JD_3	180 01 21					
		JD_5	339 01 02					
JD_5	左	JD_4	0 02 11				19 26 36	
		JD_6	160 35 22					
	右	JD_4	180 02 19					
		JD_6	340 35 41					
JD_6	左	JD_5	0 01 30				29 17 48	
		JD_7	209 19 06					
	右	JD_5	180 01 21					
		JD_7	29 18 56					

工 作 过 程

1. 根据给定控制点和交点坐标，采用全站仪坐标放样法测设道路中线交点。

_____ 公路控制点表

编号	高程 (m)	坐 标		备 注
		N	E	

公路曲线要素表

交点	交点桩号	坐标		转角值 ° ′ ″	
		N	E	左	右

2. 测定并校核道路转折角。

中线转角观测手簿

测站	竖盘位置	测点	水平度盘读数 ° ′ ″	半测回角值 ° ′ ″	一测回角值 ° ′ ″	转角值 ° ′ ″	设计转角值 ° ′ ″	实测值与设计值较差

3. 任选 2 条中线，采用 2 种不同的方法桩设置护桩，并绘制护桩设置简图。

护桩设置简图

	考 核 评 价			
序号	评价项目及分数	学生自评 （30%）	小组评价 （30%）	教师评价 （40%）
1	工作纪律和态度（20分）			
2	工作成果（30分）			
3	实践操作能力（30分）			
4	团队协作能力（20分）			
	小　计			
	总　分			

任务8.2 圆曲线测设

任务要求及流程

1. 根据学习支持和知识拓展，初步掌握单圆曲线测设的基本方法和内容；
2. 根据给定数据计算偏角法放样数据；
3. 采用偏角法测设圆曲线主点桩和加密桩；
4. 给定或计算中桩逐桩坐标，逐桩复核道路中桩坐标。

知 识 准 备

根据下表中 JD_4 的曲线要素，计算偏角法放样数据。

JD_4 曲线要素表

交点	交点桩号	坐标		转角值 ° ′ ″	
		N	E	左	右
JD_4	K0+442.582	174344.569	150426.106		20 59 53

交点	曲线要素值（m）				曲线位置（桩号）		
	半径	切线长度	曲线长度	外距	ZY 点	QZ 点	YZ 点
JD_4	200.00	37.06	73.30	3.41	K0+405.518	K0+442.166	K0+478.815

偏角法放样数据计算表

交点	桩号	桩点到 ZY 点或 YZ 点的弧长（m）	偏角值 ° ′ ″	偏角读数 ° ′ ″	相邻桩间弧长（m）	相邻桩间弦长（m）
	ZY K0+405.518					
	+420					
	+440					
JD_4	QZ K0+442.166					
	+460					
	YZ K0+478.815					

工 作 过 程

1. 根据给定数据计算偏角法放样数据。

交点	交点桩号	坐标		转角值 ° ′ ″	
		N	E	左 °	右 °

交点	曲线要素值（m）				曲线位置（桩号）		
	半径	切线长度	曲线长度	外距	ZY 点	QZ 点	YZ 点

公路偏角法放样数据计算表

交点	桩号	桩点到 ZY 点 或 YZ 点的 弧长 （m）	偏角值 ° ′ ″	偏角读数 ° ′ ″	相邻桩间 弧长 （m）	相邻桩间 弦长 （m）

2. 采用偏角法测设圆曲线主点桩和加密桩。

3. 给定或计算中桩逐桩坐标，逐桩复核道路中桩坐标。

中线桩放样复核记录表

工程名称				复核桩号		$K+\sim K+$
复核仪器及方法				复核人		
桩号	设计坐标		实测坐标		偏差值	
	X（m）	Y（m）	X（m）	Y（m）	ΔX（m）	ΔY（m）

考 核 评 价

序号	评价项目及分数	学生自评（30%）	小组评价（30%）	教师评价（40%）
1	工作纪律和态度（20分）			
2	工作成果（30分）			
3	实践操作能力（30分）			
4	团队协作能力（20分）			
	小　计			
	总　分			

任务 8.3 中线高程测设

任务要求及流程

1. 根据学习支持，掌握中线高程测设的基本方法和内容；
2. 计算道路各中线桩设计高程；
3. 在各中线桩上测设出设计高程。

工 作 过 程

1. 根据给定设计资料，计算道路各中线桩设计高程。

_____公路纵坡和曲线表

变坡点	桩号	高程 (m)	坡长 (m)	坡度 (%)	坡差 (%)	竖曲线半径 (m)		切线长 T (m)	外距 E (m)	竖曲线起点桩号	竖曲线终点桩号
						凹	凸				

_____公路竖曲线详测计算表

桩号	坡度（%）	切线高程 (m)	纵距 (m)	设计高程 (m)	说明

桩号	坡度（%）	切线高程（m）	纵距（m）	设计高程（m）	说明

2. 在各中线桩上测设出设计高程。

	考 核 评 价			
序号	评价项目及分数	学生自评（30%）	小组评价（30%）	教师评价（40%）
1	工作纪律和态度（20分）			
2	工作成果（30分）			
3	实践操作能力（30分）			
4	团队协作能力（20分）			
	小 计			
	总 分